北京市课外校外教育活动指导丛书

美丽四合院

北京市教育学会校外教育研究会
北京市校外教育研究室 组编

周立奇 周 咪 主编

學苑出版社

图书在版编目（CIP）数据

美丽四合院 /周立奇，周咪主编.
—北京：学苑出版社，2014.1（2015.2重印）

ISBN 978-7-5077-3462-1

Ⅰ.①美… Ⅱ.①周… ②周… Ⅲ.①北京四合院—少儿读物
Ⅳ.①TU241.5-49

中国版本图书馆CIP数据核字（2014）第009064号

责任编辑：郑泽英
封面设计：陈四雄
出版发行：学苑出版社
社　　址：北京市丰台区南方庄2号院1号楼
邮政编码：100079
网　　址：www.book001.com
电子邮箱：xueyuanpress@163.com
销售电话：010-67601101（销售部）、67603091（总编室）
经　　销：全国新华书店
印 刷 厂：北京长阳汇文印刷厂
开本尺寸：787mm×1092mm　1/16
印　　张：2.5
字　　数：100千字
版　　次：2014年5月北京第1版
印　　次：2015年2月北京第2次印刷
定　　价：12.00元

编委会

前　言

自2012年起，在北京市教委体卫艺处的指导与支持下，北京市校外教育研究室、北京市教育学会校外教育研究会每年组织一次“北京市校外教育活动资料评选活动”，面向全市校外教育机构教师征集校外教育活动资料，组织行内资深专家进行评选。根据评选结果，择优编入《北京市课外校外教育活动指导丛书》（以下简称《丛书》）。

在评选活动资料和编辑出版丛书的过程中，我们不仅综合考虑了校外活动内容上的整体设计，学时的安排，难易递进程度，而且也考虑到校外教育的特殊规律和学员参加校外活动的实际情况，对提高校外教师的研究能力、加强校外活动资料的深度研发具有重要作用。

众所周知，校外教育没有统一的教学大纲，没有统一的活动资料。北京市组织校外教育活动资料评选活动，精选优秀作品出版，供校外教育研究者及教师借鉴交流，在校外教育领域具有示范及引领的意义。

一定程度上说，这项活动有利于帮助校外教育工作者进一步探索校外教育规律，提升校外教育活动质量；有利于引导广大教师重视校外活动的系统研究，加强专家型教师队伍建设；有利于增强校外教育教学活动内容的科学性与系统性，更好地服务于中小学生的健康成长。

经验与水平所限，《丛书》难免有不足之处，请广大校外同仁不吝赐教。

《北京市课外校外教育活动指导丛书》编委会

出版说明

这本《美丽四合院》小册子源于西城区少年宫美术小组一个成功的拓展活动，这个活动的成功是在充分总结“重走中轴路”等类似活动的基础上，在充分调动学生活动兴趣和与学生互动方面做足了功课。另外，西城区少年宫的四合院空间相对集中，在活动中学生可以看得见摸得着，许多四合院的传统、故事、艺术就在身边，使学生们感到惊喜有趣；再者活动形式生动活泼，打破了一般看展览、听讲解的刻板形式，学生可以边看展览边实际考察展板中的问题，自己寻求正确答案。

孔子说：“博学而笃志，切问而近思。”我们民族优秀文化传统博大精深，太需要我们好好学习，努力传承，我们的年青一代也太需要具有广博知识，高远志向，需要独立思考能力。《美丽四合院》以北京西城区少年宫的民居四合院建筑为依据，把北京四合院的建筑艺术美，建筑构造特点以及古老的人文传统简单的介绍给大家，其中大多数图片是西城区少年宫的实景，文字也是在这一基础上撰写的，希望更多的年轻朋友来学习和传承祖国优秀文化。如果这本小册子能够给读者带来某些启迪，大家能够共同关注和传承祖国优秀文化遗产；能够让教师们在校外活动中开拓更多生动活泼的教育形式和方法，将是我们最欣慰的事。

目录

经典艺术
文化传统
古老学说
生活方式

“京师屋制之美备，甲于四方”

北京四合院是老北京人世代生活居住的建筑，它深刻地反映了中国人的传统思想观念和伦理道德，四合院是中国传统民居最经典的建筑形式。北京四合院作为建筑艺术它端庄大气，在基本格局式样中富有多样灵活变化；作为文化传统它深蕴着中华民族光辉文明史和精湛建筑工艺；作为古老学说它包含着深奥的环境道理和阴阳五行。

北京四合院历史十分悠久，可以说在商周时代已经开始了它的滥觞期。元代，北京作为首都，随着社会政治经济地位的变化，开始了大规模的城市规划和建设，同时四合院建筑已经发展到了成熟时期。明清时代北京四合院建筑达到了巅峰，现在北京四合院成为宝贵历史文化遗产。

北京四合院的建筑特点是在整个建筑群中有一条中轴线，以家族长辈为核心，按传统的长幼关系建筑向前后或两边展开，空间宽绰，疏朗有致，同时具有良好私密性，非常适合传统中国家庭居住，也适宜北京地区的地理气候，冬暖夏凉。

北京四合院在基本一进院模式基础上又有多样因地制宜的变化，有高超的建筑技术和精美的建筑装饰，因此它除了居住的使用价值外，同时还具有极高的艺术审美价值。北京四合院在我国的民居建筑史上占有极其重要的地位。

北京西城区少年宫

北京市西城区少年宫坐落在一个至今保存基本良好的三路三进的四合院中，它大约经历了两三百年的历史变迁，曾经不断地扩建、改建和修缮。今天少年宫在2002年修缮之后恢复了它昔日的建筑风貌，我们依然在这里幸福安静地工作学习，依然享受着花园里的绿树丛荫。这古老建筑给予我们经典艺术的审美感受，我们可以从这里开始去探索祖国几千年来的悠久历史文化，同时肩负起对祖国优秀历史文化传统传承的崇高责任。

这古老建筑给予我们经典艺术的审美感受，我们可以从这里开始去探索祖国几千年来的悠久历史文化，同时肩负起对祖国优秀历史文化传统传承的崇高责任。

西城区少年宫

北京四合院基本格局

北京四合院中最辉煌雄伟的建筑群是故宫，它恢弘壮丽，富丽堂皇，是过去时代皇权的象征，充分体现了皇权不可一世的震慑力。故宫建筑也集大成地凝聚了我国建筑工匠的全部聪明才智和创造力，是四合院建筑最高成就的代表。其次是皇族贵胄、达官富商的宅邸，它们占地广大，数个院子纵横进深，并带有私人花园，把个美丽大自然微缩在庭院中。最后是一般平民的四合院，有大有小，有四合院也有三合院，舒适简朴自得其乐。

北京老城区的民居四合院一般依照胡同街道走向建设，主要以街道南北为主，东西为辅两类建筑方位。四合院的最基本建筑格局是一进院落，在这基础上有两进院落、三进院落以及多重院落，按照院落主次和地形或前后或左右排列建设，其中有不少带花园的大中型四合院布局典雅讲究。

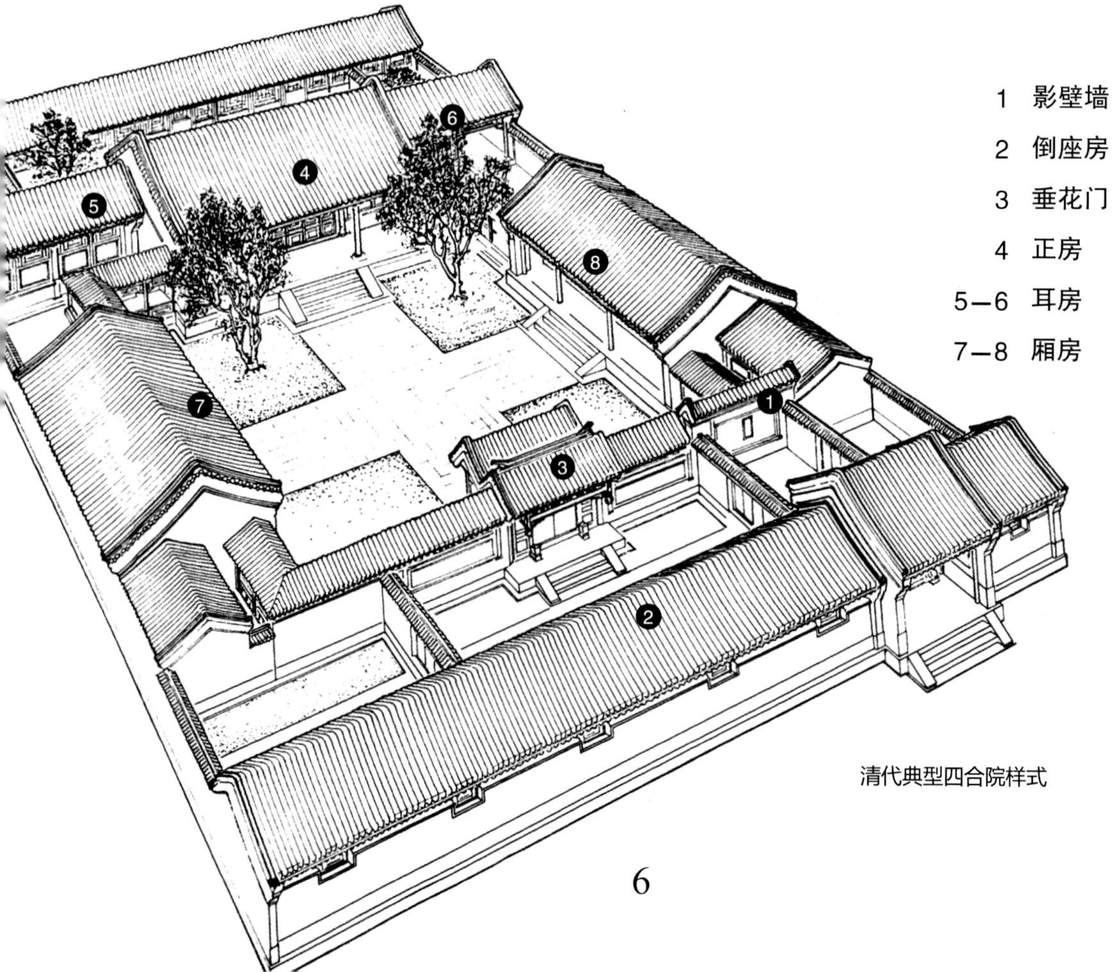

清代典型四合院样式

故宫鸟瞰

90年代西城区少年宫俯视图

清代中期以后由于受到西方文化的影响，特别是民国时期许多四合院建筑吸收了西方建筑元素，在建筑样式、室内装修、室内陈设等方面都有相当大的变化。大约在20世纪初，西城少年宫的四合院建筑也有许多地方在改建扩建中汲取了西方建筑元素，建了西式的矮墙、院门，更主要的是采取了西式的内装修，设计了卫生间、游戏室等，使居住环境更加舒适活泼。

大户人家的庭院

恭王府的花园长廊

平常小院

恭王府的长廊彩绘

比较理想的四合院宅门开在东南方向，进门是影壁墙，进院左侧是倒座房，再经垂花门（或屏门）进入中院。建造在中轴线上的较高建筑是正房，两边有耳房，由长辈居住；东西两侧是厢房，稍矮，由晚辈居住。各房之间有游廊相连。没有倒座房的称为三合院。

西城区少年宫带有西洋雕花元素的墙

北京四合院建筑构造特色

风水选择

北京四合院建筑讲究风水。这实际上是我国古代的环境学，也是古代建筑城镇、村落、寺院或墓地等吉祥地理环境的评价系统，包含着传统阴阳五行学说。宋代朱熹评价北京的风水时说：“冀都是正天地中间，好个大风水。”传统的四合院建筑讲究风水优劣，因此会根据具体的地理环境和风水测定做适当的灵活变化。

好的风水是建筑“负阳抱阴，背山面水”。风水学是我国劳动人民在漫长历史积累中创造积淀的,其中有科学成分，也有不少迷信色彩，我们应该汲取有益经验，去除迷信观念。

在许多大型四合院建筑中，都会在门下安放镇宅避邪的物品，以期趋利避邪。我们能够在外表见到的外墙避邪石刻就是“泰山石敢当”。在遥远的汉代“石敢当”三字就见于记载，有所向无敌的意思。根据《姓源珠玑》的解释，说石敢当原是一位力大无比、骁勇善战的勇士，在石敢当前加“泰山”以示此石来源于神圣泰山，或借泰山之神威，以后逐渐演变为刻有虎头和“泰山石敢当”字样的避邪石条，砌在四合院外墙面，以示避邪。

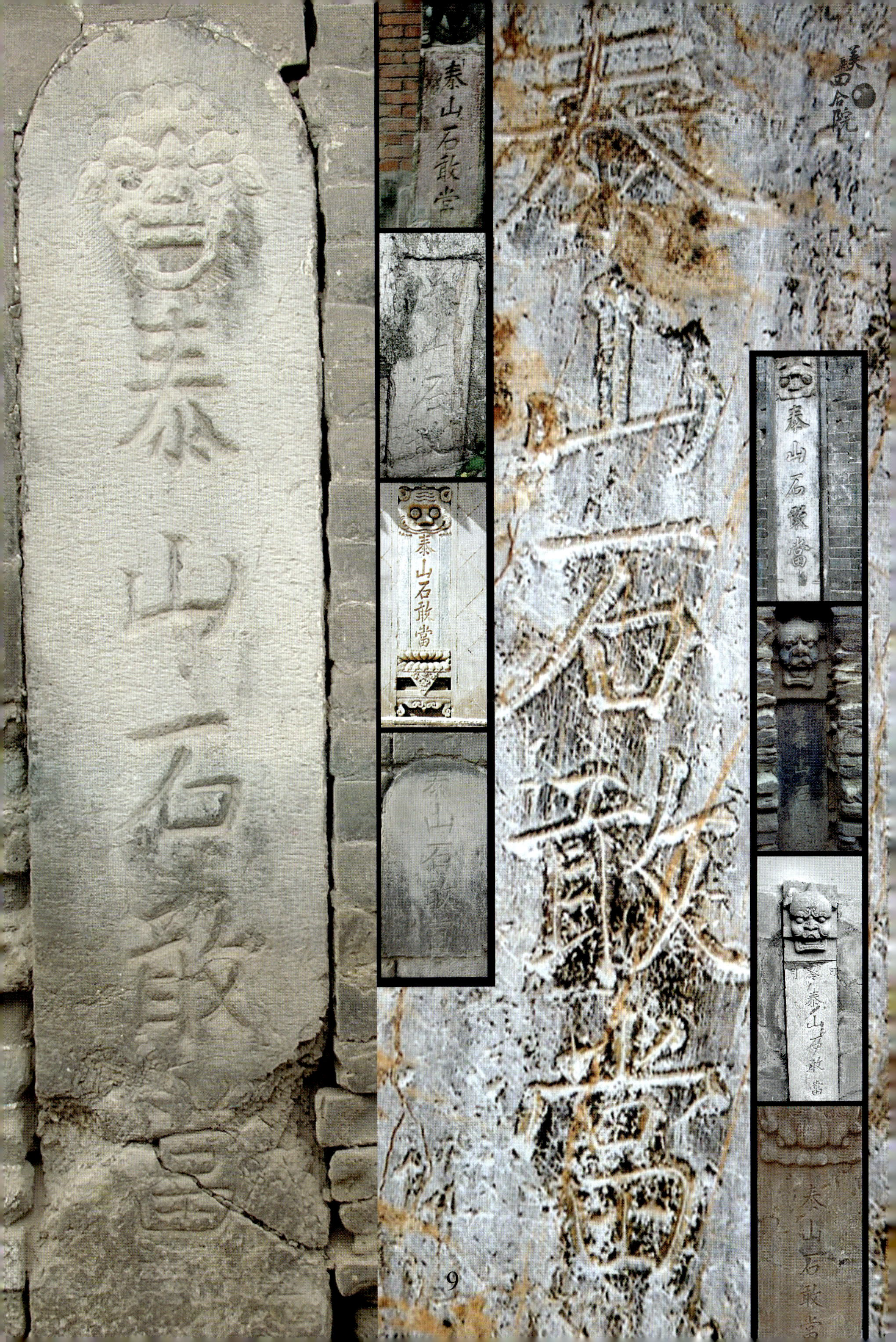
泰山石敢當
泰山石敢當
泰山石敢當
泰山石敢當
泰山石敢當
泰山石敢當
泰山石敢當

四合院的营造

北京四合院建筑主要采用砖木结构。一般的民居四合院，在请阴阳先生看过风水后，就可以按照主人的需求和约定俗成的建筑尺寸确定好方位进行施工。首先要打好地基制作并安装木质房架，通常在每间房四角都有木柱，木柱下有柱顶石；前后连接在木柱上的粗木为横梁，连接横梁之间较短小的木头是椽木；左右横向连接木柱的大木为檩。建好木架之后，用砖砌墙，房顶压灰土铺瓦。最后油漆彩绘，室内装修。

1 台明
2 柱顶石
3 阶条
4 垂带
5 踏跺
6—7 柱
8—16 檩
17 穿插枋
18—21 梁
22—24 柱
25—30 椽
31 瓦

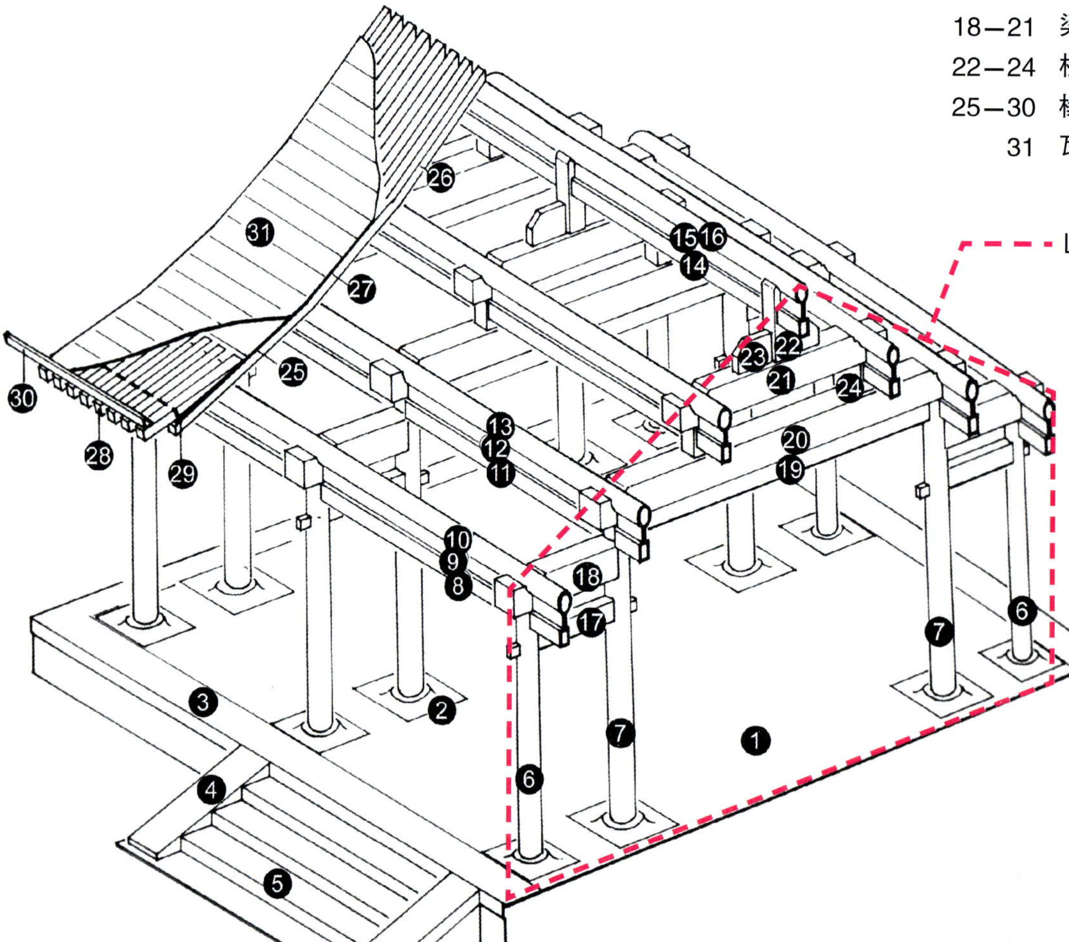

山墙

西城少年宫中花厅北望

四合院的空间

北京四合院的建造都依据一条中轴线，遵循对称原则，各个建筑之间有主次及高低错落的变化，使四合院适宜家庭居住、工作读书、社交往来、祭祀等各项活动，既有宽绰的公共空间又有个人私密空间，并能够很好地维护传统家族秩序和伦理观念 。

四合院庭院多为南北稍长，东西略窄，由于古老的“天圆地方”观念，庭院空间建造得方方正正“土”为中间，暗藏阴阳五行的古老学说。其中大小庭院、屋宇之间有通道游廊相互连接，既遵循传统的建筑模式又有“庭院深深深几许”的变化。

四合院的局部构造特色

墙

北京四合院的墙体有多种：房屋侧面的称“山墙”，山墙将木柱包裹其中，以保护木柱；两堵独立的山墙靠在一起时称“合抱山墙”。

“槛［音kǎn］墙”是房屋前面窗台下的矮墙，高度一般在三尺左右。槛墙虽然构造简单，但是按房屋等级的高低分很多档次，尤其是它处于建筑正面非常显眼的位置，因此也是人们着意装饰的墙面。

后墙称“檐墙”。檐墙可用于正房，也可用于厢房、耳房等建筑。檐墙在建筑中也有多种不同建造法，工匠们用砖块可以砌出不同的图案。

影壁是设在大门内或外的墙壁，它的功能主要是遮蔽性，不致从外面直接看到院里。影壁大致有三种：一是一字形的独立墙面；二是利用山墙砌成的影壁；三是砌在大门外的影壁，这种影壁一般有一字形和八字形两种，多砌在胡同对面。影壁有看面墙的性质，因此影壁都有装饰性。比较简朴的影壁中间会用白灰抹平，四角有砖雕等装饰，还有的影壁上有相当繁复的砖雕装饰。

在建筑物外廊两侧的窄墙是“廊心墙”，廊心墙上部三分之二是做墙面装饰的部分，下面三分之一叫做“下碱”，一般不做装饰。

西城少年宫内山墙

西城少年宫内有西洋式花窗的山墙

合抱山墙

山墙将建筑物侧面的木构架包砌起来使之不外露，有保护木结构的作用。两堵独立的山墙贴在一起时，称为合抱山墙。

槛墙处在建筑物正立面非常显眼的位置，是一处可供人们着意装饰的墙面。

房子的后墙称“檐墙”，在建筑物构造中，后檐墙也有不同的建筑方法。工匠们利用砖块可以砌出不同的图案。

郭沫若故居前的影壁

四合院里的影壁墙

影壁墙上的装饰

影壁墙侧面装饰细节

影壁是设在大门对面的墙壁，它的功用主要是遮蔽性，不致使从外面直接看到院内。影壁有看面墙的性质，因此影壁都有装饰性，比较简朴的影壁中间会用白灰抹平，四角有砖雕等装饰，还有的影壁上有相当繁复的砖雕装饰。

西城少年宫内看面墙

另外四合院里还有“看面墙”，位于垂花门两侧，是重要的观赏墙，它主要用于院落空间的分割或屏蔽。看面墙也是抄手游廊的后墙，什锦窗是它的重要装饰形式。什锦窗的造型多采用优美的器皿、蔬果、花卉等形状，比如扇面、玉瓶、寿桃、梅花等。什锦窗框有木质和砖砌两种，做工精细讲究。在各院落之间也会因需要有一些围墙，或高或低，起到划分空间保持相应私密性以及装饰性作用。这些围墙工匠们会用砖或瓦砌出各式图案形成装饰效果。

北京某宅沿街看面墙

北京某宅内的看面墙

磨砖对缝砌墙技术

“磨砖对缝”是最具代表性的精湛砌墙技术。所谓磨砖对缝就是先把砖用水泡了，再四面打磨平整，砌出的墙面几乎不见砖缝。

西城少年宫内花瓦墙帽

四合院中还有一些用砖瓦砌的人字纹墙、花瓦墙帽等。

房顶和瓦当

北京四合院房顶是典型的人字坡状的大屋顶，不仅有冬暖夏凉和排水迅速的物理功能，而且还包含着古老《易经》的学说：“上古穴居而野处，后世圣人易之以宫室,上栋下宇,以待风雨，盖取诸《大壮》。”可译为：“《大壮》卦乾下震上。乾为天，野外的天似穹庐，比房屋。震比雷雨，像房屋可以避雨。”就卦象看,是不怕风雨的结实房子。另外老子说：“九层之台，起于累土。”大屋顶又有积累成德的象征意义。我们祖先在依照《考工记》“吐水疾而远”的物理功能建造屋顶的同时还赋予了它精神层面的丰富解释。

从四合院的大屋顶侧面看在前檐部位轻轻翘起，形成好看的曲线，正面看端庄伸展，质朴大气。

西城区少年宫

故宫戗脊上的装饰

蝎子尾

四合院屋顶上还有许多有讲究的装饰。比如故宫太和殿的屋顶，除了铺设金灿灿的琉璃瓦之外，还会在房脊两端，戗［音qiāng］脊等部位装饰多个小神兽，这些小神兽依次是仙人骑兽、鸱吻、凤、狮子、海马、天马、狎［音xiá］鱼、狻猊［音suān ní］、獬豸［音xiè zhì］（传说中的独角兽）、斗牛、行［音háng］什，它们不仅能够防止雨水的渗漏，而且还把帝王的九五之尊烘托到极致。多一个叫行什，这是古代帝王建筑装饰所独有的一例。

北京民居四合院房脊多做清水脊，装饰“蝎子尾”，下面的砖雕叫“花草盘子”；另外还有简洁的鞍子脊。筒瓦的头上是瓦当，也都刻有花草纹样或吉祥图案。瓦当之间是“流水”，除了排雨水的实际功能外，还像瓦当一样装饰着图案。由此可见青灰色的四合院建筑在简朴大方中不失装饰细节，让人远望整体大气，近观有独到回味处。

“勾连搭”是两屋顶连在一起时的建造结构，中间是排水沟，垂花门常用这种结构。由于房顶的“勾连搭”结构，使山墙简洁的山字形状变得富有变化。

西城区少年宫内的勾连搭结构

流水

门与窗

过去的四合院窗上是裱糊窗户纸的，因此较小的方格窗框更易于裱糊，以后逐渐使用了玻璃，许多窗框中间出现了较大的空间，以利于更好地采光。讲究的四合院门窗及室内的隔扇墙都有极其考究的木雕。木雕图案除了牡丹、菊花、竹子、莲花等各样花卉，还有许多老百姓喜闻乐见的吉祥鸟兽或宗教题材。

除了房门，四合院还有垂花门、屏门、月亮门等，用于沟通或屏蔽院落空间。

四合院内的门窗

西城区少年宫内的西式雕花窗

西城区少年宫内的垂花门

垂花门与抄手游廊

垂花门是四合院的内宅门，适于两进以上的院落，也是最重要、最讲究、装饰最华丽的特色建筑。它坐落在院落的中轴线上，用于沟通、分隔内外院落。垂花门有两种造型，“一殿一卷式”和“单卷棚式”。垂花门前檐、后檐柱间都安装门，前门有关闭防卫作用，后门叫做“屏门”，分为四扇，除重大活动外一般不开启，起遮挡视线的作用。

单卷棚式

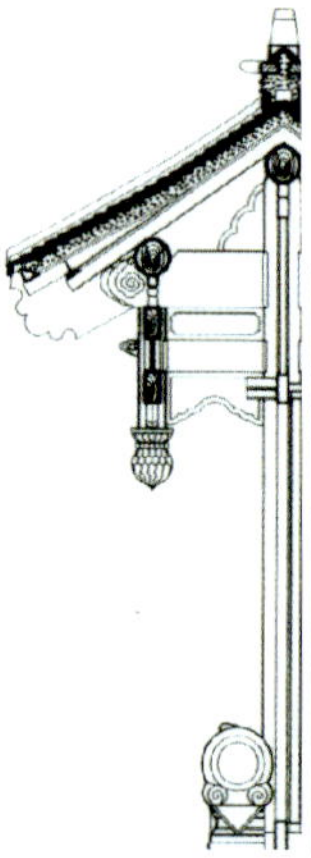

屏门

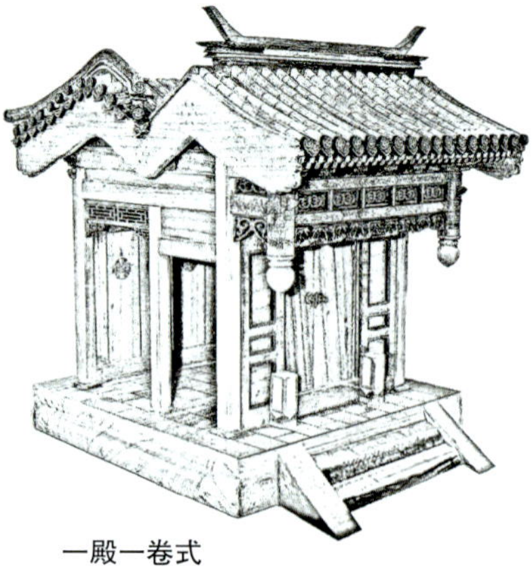

一殿一卷式

西城区少年宫东院

抄手游廊是内宅景观，后檐墙是看面墙。它中间与垂花门相连，两侧与厢房廊门筒子贯通。夏仁虎先生说：“大家入门，即不露行，以廊多于屋也。”

游廊是四合院生活方式和审美价值的重要体现，人们漫步其间，既可不必日晒雨淋又能欣赏周边景色，真是惬意无比。游廊有多种不同样式，这里简单介绍三种：一是“半面廊”，一边是墙，一边是通透的游廊；另一是两边通透的游廊叫“凌空廊”；再就是修建在山丘叠石上的游廊，可拾阶而上步步有景。

北海公园内游廊“拾阶而上”

西城区少年宫

西城区少年宫

恭王府内游廊

西城区少年宫大门

宅院门

门第观念是封建时代重要的传统观念，四合院的等级不同，所建的大门也不同。北京四合院的大门常见的有两种，一是屋宇式大门，另一是在院墙合拢处建造的随墙门。宅院门的样式大体有广亮大门、金柱大门、蛮子门、如意门、随墙门、西式门等。大门通常修成山字型的两面坡门楼，像山形，有阻挡防范的意思。这是一个古老的传统，我们可以从汉代遗存的阙门图像资料中清楚地看到它的远古面貌。

阙门

故宫内宫门

门第高的四合院采用广亮大门，仅次于王府大门。广亮大门台基高于倒座房，宽大高耸，门扉装在门楼中间柱子上，门扇大多不做特别装饰，仅是必要点缀，门前空间宽敞显得非常气派。

金柱大门仅次于广亮大门，也是具有一定品第的门户。门扉装在前檐的金柱上并由此得名。金柱大门门前空间比光亮大门小。

蛮子门是一般富裕人家的宅门，是将槛框、门扉等都安装在前檐的大门，门前没有更多空间，戗檐处会做砖雕装饰。

如意门是一般四合院常用的大门，它是在门楼前檐中间砌墙，留出门洞空间安装门框、门槛、门扇等。门洞左右上角有两组挑出的砖制构件，形似如意。

另外还有一些小型四合院或三合院是随墙做的小门楼，这就没有屋宇式大门等级高了。

西城区少年宫大门

随墙门

西式门楼

金柱大门

蛮子门

如意门

门　墩

门墩的使用价值在于它是固定门框安装大门的大石块

门口的抱鼓石北京人俗称为门墩。抱鼓石是固定门框安装大门的大石块。露出地面的石块中间有凹槽，用以固定门框和门槛，后面有圆孔，用来安装大门，石块前部主要是镇压门框使之保持稳定的作用。以后，门墩前部装饰作用越来越张显，反映着人们的门第观念。

通常门墩分为两类，一类是单一兽形，多是狮子、麒麟等瑞兽；另一类是通体门墩。在通体门墩中又可以分两类，一种呈长方形，又称“幞头鼓子”。另一种是圆形抱鼓石。据说早期圆形门墩是武官宅院用的，长方形门墩像书箱子，是文官宅院用的。后来演变为大宅院使用圆形抱鼓石。

圆形抱鼓石大体结构是上面有大鼓，鼓上雕有兽面或站卧不同样子的狮子；大鼓下有两个小鼓，小鼓中间是荷叶；再下面是呈方形须弥座和雕刻的包袱角。大鼓两侧的纹样主要是浮雕，有少数透雕。周边雕有鼓钉，鼓中间雕刻题材多是转角莲花、麒麟卧松、犀牛望月、松鹤延年等吉祥纹样，还有牡丹、荷花、宝相花、博古图案等；正面一般多雕刻荷花、宝相花、如意草等。从这些雕刻题材，可以看出我国人民向往美好生活以及尊崇儒教、佛教、道教的传统思想。

西城区少年宫内的门墩

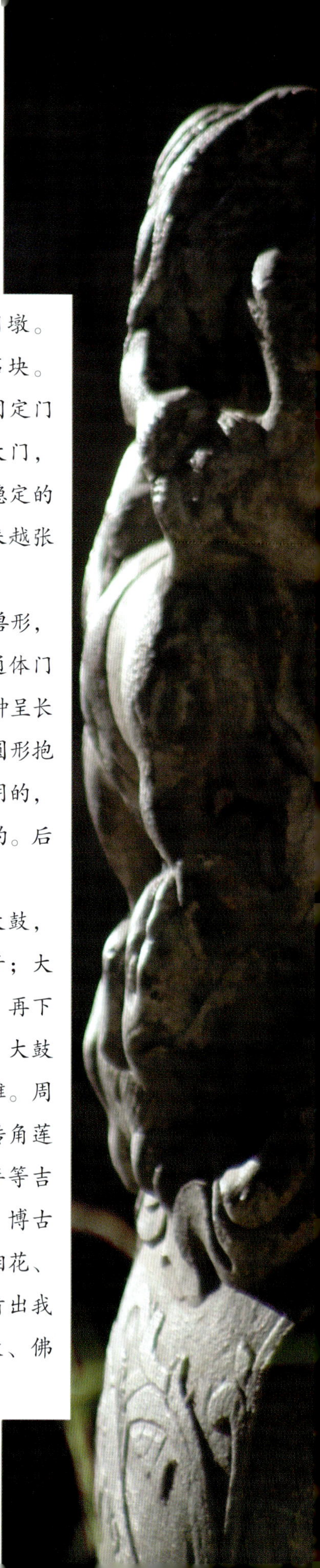

安

西城区少年宫内的石绣墩

西城区少年宫内的上马石

上马石等石雕

上马石和拴马桩一般安放在豪门大宅门口，这也是旧时宅第等级的重要标志。清代满族有骑马狩猎的传统习俗，清朝规定满洲官员出门，无论文武均需乘马，以不忘祖先遗风。清官员有“前引”、“后从”的定例，主人外出，奴才和仆人也要骑马前呼后拥地跟随。以后主人出行改为坐车或乘轿，随行人员依然是骑马。

石雕工艺最重要的是在门墩、上马石等部位，多为浮雕。另外在房屋其他石构件或门闩等处也会有石雕，讲究的四合院还有石锈墩等石雕陈设物品。石雕的题材也都是吉祥鸟兽、花卉图案、宝相花等。

西城区少年宫内上马石上的精美石雕

西城区少年宫内门墩上的精美石雕

西城区少年宫内一处精美的木雕

木　雕

四合院大门上的精美木雕

讲究的四合院门窗、前廊、外檐、梁垫、梁头、斗拱等木制结构上都有极其考究的木雕。木雕图案题材吉祥喜庆，寓教于乐。有牡丹、菊花、竹子、莲花等各种花卉，还有许多老百姓喜闻乐见的传统故事、吉祥鸟兽或宗教题材。

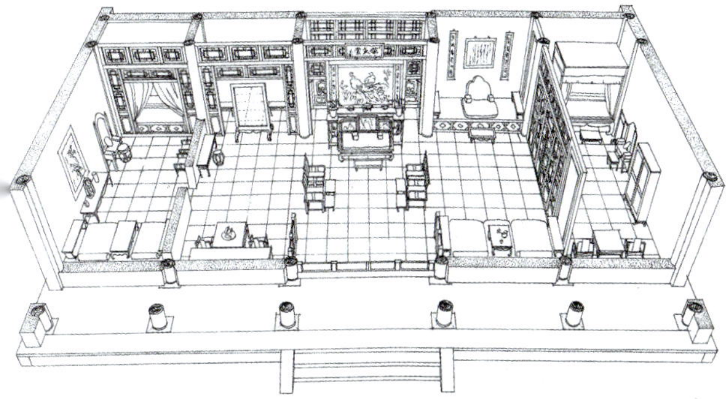

传统四合院的室内布局

木雕以徽州木雕最为精美

传统四合院的室内隔扇

砖　雕

砖雕是四合院建筑装饰的重要特色。砖雕的装饰部位一般在宅院门头、廊心墙、影壁、门廊两头、槛墙、什锦窗、屋脊、栏杆等处。讲究的四合院在房子的通风口处也会有好看的砖雕。

砖雕的主要纹样有自然花草、吉祥图案、博古图案、锦纹图案、宗教法器、人物故事、夔龙祥兽等。

西城区少年宫内一处戗檐（侧面）

戗檐是砖雕最重要的部位，装饰也最繁复、华美。

西城少年宫内蝎子尾花草盘子砖雕

西城少年宫内墙壁通风口砖雕

西城区少年宫内一处戗檐(正面)

西城区少年宫内一处西式窗上的砖雕

西城区少年宫内瓦当

我们今天可见的汉代瓦当就有精美雕刻，除了花草纹样外，还把各种吉祥用语刻在上面，以致使瓦当成为独具特色的艺术品收藏品。

汉代大飞鸿瓦当

汉代富贵万岁瓦当

汉代双叶云纹瓦当

彩　绘

房屋的油饰主要是为了保护木头不受侵蚀，早期的四合院并不彩绘。到了明清时，凡用于保护构件的涂料刷饰叫做“油饰”，而用于装饰建筑的各种绘画叫做“彩绘”，两者是不同工序。彩绘有不同等级规定，用金越多房子越富贵，房主身份越高。《大清会典》有着明确记载：“顺治九年定亲王府……正门殿寝……凡有正屋正楼门柱均红青油饰，……梁栋贴金、绘五爪金龙及各色花草……凡房庑[音wǔ]楼屋均丹楹[音yíng]朱户，其府库廪厨及柢[音dǐ]侯各执事房屋，随宜建置……门柱油黑。”“公侯以下官民房屋……梁栋许画五彩杂花，柱用素油，门用黑饰，官员住屋，中梁贴金，……余不得擅用。”

西城区少年宫内彩绘

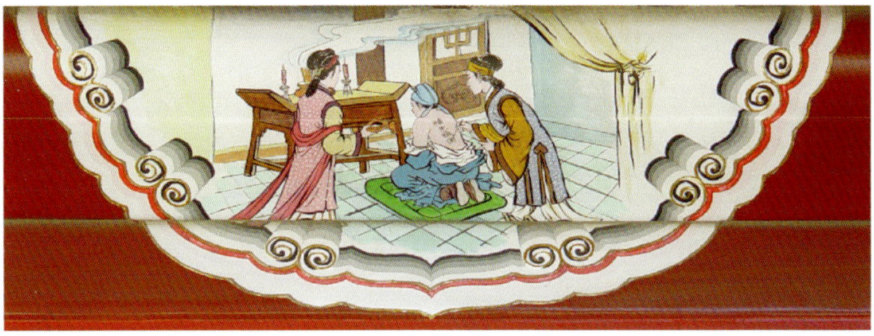

西城区少年宫内彩绘

四合院彩绘大体有“旋子彩绘”和“苏式彩绘”两种画法。旋子彩绘形式庄严肃穆，只用来装饰王府；苏式彩绘形式活泼，题材丰富，民居广泛采用。

苏式彩绘中心图案周围带色阶边框装饰，在横梁头及两侧描绘图案。这些彩绘题材有传统人物故事画，如“岳母刺字”、“司马光砸缸”等具有说教意义的题材，也有百戏、童子、仕女等生活题材，同时还有山水和花鸟画。这些彩绘给四合院建筑带来了独具特色的审美意味，把人们对美好生活的期盼和传统思想都描绘其中。

西城区少年宫内彩绘

园　林

清朝时是北京四合院私家园林建造的高峰时代，产生了许多著名园林，如勺园、梁园、李园、成王府花园等。北京四合院园林设计中借鉴了江南著名园林的建造元素，突出“天人合一”思想，建筑与自然浑然一体。花园中有叠石、树丛、曲径、水池、花篱、月亮门等，步步有景，曲径通幽。在园林绿化中多种植海棠、石榴、丁香、榆叶梅、玉兰、枣树、槐树等树木；有夹竹桃、杜鹃花、栀子花、茉莉花、牡丹花、菊花、大丽花等多样盆栽花卉；还有紫藤、葫芦、牵牛等牵藤引蔓植物，真是“收尽天地无尽之景于一园之中”。北京四合院实际成为传统隐逸文化的载体，同时反映出居住在四合院里的人们追求平和、吉祥的田园式生活方式。

我们与四合院

西城少年宫全体美术组学生参与了北京四合院的考察和调研活动，同学们在老师的带领和指导下表现出极大的热情，大家分工合作积极配合，分头查阅资料，实地画写生，拍照片，写文章，辛勤的工作换来了极大的学习收获和乐趣。我们用自己的画笔把美丽的四合院展示给大家。